Manuel de survie sur une île déserte

鲁滨孙行动

一本写给儿童的荒岛求生指南

[法]德尼·特里波多 著 [法]卡丽娜·曼桑 绘 刘心怡 译

北方联合出版传媒（集团）股份有限公司
辽宁少年儿童出版社
沈阳

目 录

孤独的被困者

你是否曾梦想成为一个像鲁滨孙·克鲁索一样的冒险家呢？
让我们来做一个模拟小游戏！

想象一下，阳光明媚的一天，你和朋友被困在一个热带荒岛上，
身上只有几样从失事船只上找到的物品。
要想活下去，必须保持头脑清醒，充分利用现有物品和一些求生小技能，
制作工具、建造房屋、捕鱼、自救和生火。

如果你仔细观察，大自然会为你提供许多可以利用的工具。
只要你稍微发挥一点儿想象力，任何材料在你手中，都能创造出无限奇迹！

虽然这并不是一件容易的事情，但我相信只要你的精神力量足够强大，
再加上一些小技巧，一切皆有可能。

现在，闭上眼睛，开始你的探险之旅吧！

初到荒岛

被困荒岛应该做什么

所有的被困者都曾这样告诉我：在荒岛上生活实在算不上是一段愉快的经历。

人们大多因为飞机或者船舶失事被困荒岛，

紧接着他们会度过一段让人焦虑、紧张的日子。

哪怕是著名的丹尼尔·笛福笔下的鲁滨孙的原型，

也并非是特意想要独自在荒岛上生存的。

然而，现在却有一些冒险家，自发地来到荒岛上学习生存技能。

或许，在不久的将来，你也可以成为其中的一员！

第1步

》从哪里开始

当发现被困在荒岛上时，你需要迅速去往一个能够让你冷静下来制订求生计划的地方。首先，拍掉身上那些滚烫的沙子，尽快找到一块阴凉处，戴上遮阳帽，穿上T恤衫。如果你浑身湿透，一定要尽快晾干身上衣物以免着凉，因为即使是在热带岛屿上，水变冷的速度也要比空气快25倍！之后，深呼吸几次让自己保持冷静，好好思考接下来的计划。

历史小故事

从前，许多船队从欧洲出发去探索未知的世界，行船途中经常会发生一些事故。不少船只不幸淹没在那些尚不知名的海洋中，一些失事人员被海水冲到荒岛上成功活了下来，比如水手佩德罗·塞拉诺，他在一座荒岛上度过了七八年时光。但不可否认的是，由于荒岛上生存环境恶劣，能够坚持等到救援的人少之又少。

9

第2步

》最重要的三件事

下面这张清单列出了13件你应该在荒岛上完成的事情，请你按照优先顺序进行排序（1号是你认为最重要的事情，13号是最不重要的），将序号标在每件事情前面的方框内。

在你看来，最重要的三件事是什么呢？

- ☐ 建一个栖身地
- ☐ 休息一下
- ☐ 活动身体以缓解紧张情绪
- ☐ 寻找饮用水
- ☐ 寻找电池
- ☐ 制作防御工具
- ☐ 建造卫生间
- ☐ 生火
- ☐ 洗海水浴
- ☐ 寻找食物
- ☐ 自制一个小竹筏
- ☐ 捕鱼
- ☐ 发送求救信号

　　如果你的回答是建一个栖身地、生火和寻找饮用水，恭喜你做出了完全正确的选择。虽然寻找食物和发送求救信号同样十分重要，但出于生存考虑，它们只能退居后列。为了能够尽快完成前三件事，仔细翻翻你的口袋和背包，收集一切能用的工具和物资。除此之外，你可以去沙滩或岩石缝中看看，在海水不断冲刷过后，那里可能会留下一些你需要的材料，抓紧时间尽量多收集一些。

第 3 步

》学会节省体力

节省体力是幸存者必备的一项基础技能，花点时间在阴凉处寻找路径，尽可能别浪费精力去通过太多障碍物。不要奔跑，不要携带太重的物品，最大限度地保存体力。

延伸阅读

鲁滨孙是著名作家丹尼尔·笛福受到苏格兰水手亚历山大·塞尔柯克的经历启发创作出来的人物。这是一个真实的故事：亚历山大·塞尔柯克的确在一座小岛上独自生活了4年。

小贴士

在人数众多的情况下，一定要注意相互协调以保证最高效率。为避免大家互相打断发言，谁也听不清谁，可以将贝壳、小石子、小木棍等有指示作用的东西当作话筒，大家轮流发表自己的观点。谁手中拿着"话筒"，其他人就不能打断他的发言。在他发言结束后，"话筒"将被传递至下一个想要发言的人手中。

安全第一！

✗ 休息时记得待在阴凉处，以免中暑和晒伤。

✗ 当你在岩石上寻找物品时，行走要小心，岩石经过海水的不断冲刷会变得十分光滑。所以，千万不要赤脚走在这些岩石上！

✗ 如果你浑身湿透，一定要尽快晾干衣物以免着凉。

13

火是生存的关键

火不仅能够替你驱赶各种野兽，煮熟食物，烧开水，在夜晚抵御寒冷，
还能够在必要时候作为至关重要的求救信号。

除此之外，使用火也是区别人与动物的一项标准，只有人类才懂得如何使用火。

但需要注意的是，火是十分危险的，且具有一定的破坏性。
所以如果想要学习生火的话，一定要在家长的陪同下进行哦！
生火并不是一件简单的事，耐心、谨慎是我们必须遵守的准则。

第1步

》选择合适的方法

仔细观察周围环境，选择合适的生火方法。今天是阳光明媚还是乌云密布？生火的方法可分为两大类：凸透镜引火法和钻木取火法。必要的时候别忘了向家长寻求建议哦！

第2步

》准备场地和材料

选好了生火方法之后，你可以在沙滩上或者森林里寻找一些可能用到的材料，比如干木柴、枯树枝、大大小小的木块等，荒岛的沙滩上有许多这类材料。出于安全考虑，别忘了准备一个装满水的瓶子，可以用来灭火。

火焰在平坦、干燥的土地上会更容易燃起。

最好在地上挖一个洞，用于存放火种，这样，你离开的时候更容易熄灭火苗。除此之外，你还可以准备一些小木块，放在一旁备用。

延伸阅读

生火的时候一定要注意安全！每年，由于用火不慎而引起的火灾，烧毁了大片森林。大量珍稀动植物在火灾中死亡，被破坏的房屋也不计其数。仅仅是在法国，每年发生火灾的面积就相当于两个巴黎市！许多人因吸入火灾产生的滚滚浓烟而中毒。与此同时，火灾也造成了严重的空气污染，加剧了全球气候变暖。

15

第3步

》生火

凸透镜引火法（阳光明媚时）

这是最简单的一种引火方法，你完全可以独立完成。在你的小船上找一块放大镜或者任何能够在观察时产生放大效果的玻璃制品，比如眼镜片或者照相机的镜头等。站在阳光下，最好戴一顶帽子以防晒伤，把干燥的杂草揉成团，将放大镜置于太阳和杂草之间。你会发现当阳光通过放大镜汇聚、照射于一点时，几秒钟之内就可以将杂草引燃。如果你想要让火燃得更旺一些，只要在一旁轻轻吹气即可。

钻木取火法（没有阳光时）

材料

- 一块木板
- 一根木钻（可以将木棍的一端削尖）
- 一样能够保护手的东西，比如贝壳
- 一张由绳子和树枝制成的简易长弓

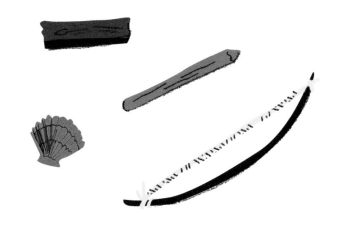

在准备木板的时候，请家长帮你用刀在木板边缘挖一个浅浅的小窝。用简易长弓的绳子缠绕住木钻，将其固定住。可以把贝壳置于木头和手掌之间，以免手受伤。接着，一只手握住木钻的尖端直立在木板之上，单膝跪在木板上保持固定，另一只手抓住简易长弓，从左至右大力摩擦木钻，木板上会逐渐形成一个小洞。这时，家长可以从木板上切下一个三角形的木块，你可以清楚地在木板上看到一个凹槽。

取一些稻草或者枯树叶，做一个简单的"干草窝"放在旁边。然后，将一片树叶放在凹槽底下，重新抓住简易长弓快速摩擦木钻。随着摩擦产生的小木屑越来越多，火花也随之出现。只要小洞被小木屑填满，立即停止摩擦，慢慢将木板移开。最后，把先前制作好的"干草窝"倒扣在滚烫的木屑之上，轻轻吹气，燃起火苗。

第4步

》灭火

由于火焰具有危险性，离开之前一定要熄灭火苗。将水浇在火上，你会看见有大量水蒸气随之产生，一定要注意安全，不要被这些水蒸气烫伤。在灭火之后，重新将沙洞填满，再将两块小木头交叉放在填满的沙洞上面，以便告知荒岛上的其他人火已经熄灭。

历史小故事

钻木取火由来已久，在史前时期，美洲印第安人和埃塞俄比亚人就曾用过这种方法。直到今日，人们依然在使用。

安全第一！

✗ 一定要在家长的陪同下完成。

✗ 注意清理取火场地的杂物，以免引发森林火灾。

✗ 避免在有风的时候生火，火会随着风蔓延。

✗ 灭火时应浇上大量水以确保火苗熄灭。

小 木 屋

建造小木屋

为什么需要建造一间小木屋？

地球上的所有生物都需要一个能够安稳休息的地方。

建造一个栖身之所，对于被困在荒岛上的你来说是必不可少的。

你可以在屋里小憩或过夜，以便养精蓄锐。

屋内不仅可以存放工具和物资，还能为你遮风挡雨、抵御外部危险。

第1步

》选择理想的位置

首先，仔细观察你的周边环境。通常来说，大自然会为你提供天然的场地，千万不要草率地将帐篷搭在沙滩上！一个小山洞、一根粗壮的枯树干、一棵倾斜的树木或者长着许多枯枝的小灌木会是更好的选择，它们形成了一个天然的屋架，你只需要找几块木头建成屋顶即可。同时，不要错过那些堆满枯枝的地方，你完全可以直接利用现有的材料建造一间小木屋。

如果你把木屋搭在沙滩上，一旦涨潮，屋内极有可能会涌进海水，存放的物资也会遭殃！所以，一定要好好观察那些被海水冲上岸的藻类：它标志着海水能达到的最高点，而你的木屋一定要建造在最高点之上。

最理想的场地绝对是那些植被众多、地势较高的平地上。高大的树木不仅可以为你抵御阳光和从海面上吹来的冷风，还能帮你阻挡一下烦人的海浪声。

第2步

》选择合适的工具

如果你选的场地并没有山洞，也没有大树来助你一臂之力，但通过沙滩寻宝之旅，你可以找到很多能够变废为宝的东西。比如木板、破渔网、绳子、袋子、塑料篷布等，你可以将它们全部带到你要搭建木屋的地方。

21

小贴士

为了保护我们赖以生存的大自然，建议使用已经被砍断的枯树干。寻找枯树干绝对要比重新砍树容易得多哦！

第3步

》建造方法

棚屋

这是最容易的一种建造方式！甚至不需要系绳结来固定房梁。如上图所示，你可以寻找两棵树枝呈"Y"形的大树，在它们之间架起一根坚固的木头作为房梁（如①）。然后，将其他枯树枝分别架在房梁的两边，侧面形成了"人字形"（如②）。最后，用树叶或者塑料篷布盖在枯树枝上（如③）。如果你有机会找到大片的树叶，可以将它们像瓦片一样覆盖在你的屋架上。

茅草屋

你可以收集一些较长的、柔软的树枝来建造这个茅草屋。先在地上画一个圈来确定茅草屋的位置。然后，大约每隔40厘米插一根树枝，相当于一步的距离。再将树枝向中间弯曲，捆在一起形成一个圆形小屋顶。最后，只需要在内部横向加上几根树枝，以此来固定外围的树叶或者遮雨篷布即可。

圆锥形帐篷

这种帐篷至少需要7到8根大而坚固的木棍，一块遮雨篷布或旧床单。

先将所有木棍并排放在地上，用一根绳子将它们的一端紧紧地捆在一起。接着，在遮雨篷布一边的中间剪一个洞，将绳子从洞中穿过，确保木棍与遮雨篷布紧紧相连。

在家长的帮助下，立起所有木棍，底部自然形成一个圆圈。我们需要将其中两根木棍分开一定距离，形成帐篷的大门。最后，将遮雨篷布遮住木棍，并与门口的两根木棍固定在一起。

安全第一！

✗ 一定要让家长帮你固定木棍，以免屋架倒塌，发生危险。

✗ 注意使用足够坚固、不会轻易断裂的树枝。

✗ 在收集树叶和小木块的时候，注意不要被藏在森林深处的蛇和昆虫咬伤。

✗ 不要将你的小屋建在椰子树下，以免椰子掉下来发生危险。

饮用水

如何找到饮用水和
自制净水器

荒岛环境干燥，加上天气炎热，一定要避免脱水！

水是生命之源，如果没有饮用水，人最多可以存活四天！

》海水可以直接饮用吗

　　荒岛有着取之不尽的海水，这对于口渴的你来说绝对充满诱惑力。但是，海水中含有大量的盐分，是不能直接饮用的，否则会引发呕吐。我们可以通过稀释法来淡化海水中的盐分：将海水与淡水按照1∶7的比例混合，这样才不会危害健康。

》寻找饮用水

　　请记住，内陆地区发现饮用水的可能性会更大。动物也会寻找水源，作为一个探险家，你可以顺着动物在森林中留下的脚印，来到小溪或者瀑布前。沿着水流方向就可以找到水源处，一般来说，水源的水质最好，污染最少。

　　如果条件不允许你进行探险，你还可以仔细观察周围的植物。树洞中或者竹子的内部，都可能藏着不少饮用水。除此之外，椰子也可以帮你补充水分。由于椰子壳十分坚硬，一定要在家长的帮助下凿开椰子哦！

　　如果赶上下雨，那你真的很幸运！通常来说，雨水是可以适度饮用的。下雨时，如下图所示，利用杯子、盆等容器，加上一件夹克衫或者一块塑料布，你就可以制成一个收集器，收集新鲜的雨水了。

并在洞口盖上一块塑料布。最后，在塑料布中央放一个小石块，用于引导凝结成的小水滴流进杯中。你只要在一旁等待几个小时，便可以喝到天然的纯净水啦！

小 贴 士

获取椰汁时千万不要直接将椰子整个敲碎！最好的方法是用螺丝刀（木钉或者铁钉皆可）在椰子顶端的三个眼上钻三个孔，再将椰汁倒入杯子或者直接饮用。

用灯芯草的茎或者其他管状物当作吸管，有助于你吸取植物内部的水分！

》自制净水器

如果你没有在干燥的荒岛上找到饮用水，那也不要灰心，你可以选择自制一个太阳能蒸馏器。

在向阳的沙滩上挖一个大洞，洞底放一个容器，在容器周围铺满湿润的草或树叶，

》烧水

把水煮开再饮用是最保险的一种方法。为避免烫伤，一定要在家长的陪同下进行。把盛水的容器放在火上，水沸腾后至少再煮10分钟，以确保水中的病菌和寄生虫卵被完全杀死。

延伸阅读

你知道吗？在法国，竟然还有人用饮用水来冲洗厕所，这太令人难以置信了！

安全第一！

✗ 当你无法确保水源的质量时，最有效的方法是在水中投放一颗饮水消毒丸。这是一种简单有效的药丸，你可以请父母向医生咨询更详细的信息。

✗ 有以下特征的水都不可以饮用：带有腐臭味、粘上泥土、水质呈绿色或者棕色、盐分过多。

✗ 有些看上去干净透明的水，也不能轻易饮用！如果你对水质存疑，可以将水烧开或者向家长寻求帮助。

历史小故事

生活中，我们拥有足够的水源。然而，当今地球上仍有超过30亿的人口面临缺水问题，这意味着每两个人中就有一个人缺水喝。

绳 结

》巧制椰子绳

如果在荒岛上没有绳子，一个小小的椰子可以帮你一把！在制作的过程中，需要足够的耐心和一点儿力量！你需要准备的材料有：

- 一个椰子
- 一块表面平滑的大石头
- 一根木棒

首先，找几个在海水里泡了很长时间的老椰子，一般它们会被潮水带到岩石的缝隙中。

试着挖掉椰子的果肉，只留下外壳，然后将椰子壳放在准备好的大石头上，用木棒不断敲击。这样，你就可以得到那些附在椰子壳上的纤维，也就是我们要用到的椰丝啦！

将椰丝放在阳光下晒干，这个过程可能需要几个小时。

最后，取四到五撮椰丝扭成结实的绳子，可以不断添加椰丝使绳子变得更长哦！

》单结

单结是所有绳结中最简单的一种，这种结最适合露营时将帐篷布绑在木头上。

先把绳子绕在固定物（如圆环、树枝、木块等）上，再取绳子的一端绕另一端一圈，穿过绳环形成第一个单结（如图①②）。接着，顺着同一个方向重复上一个步骤，就能形成连续的单结（如图③④）。如果担心单结不够牢固，你可以在打结的时候多绕几圈哦！

① ② ③ ④

》平结

平结可以用于连接两根绳子，你可以用这种办法将多根短小的绳子连接成长绳。

准备两根绳子交叉放置，取下面的一根绕上面的绳子一圈（如图①），再将两端交叉（如图②），取绳子一端从上到下绕绳子另一端一圈形成绳结（如图③），握住两端绳头向外拉紧（如图④⑤）。

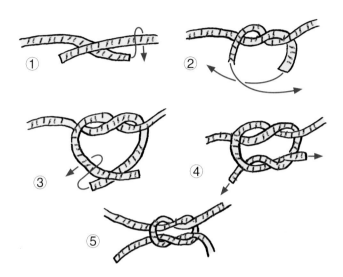

》水手结

水手结十分牢固，特别适合将绳子绑在柱子上。同时这种结也十分容易解开，只要拉着绳子的一端就松开啦！

将绳子对折紧靠树干，再取绳子的一端对折后从树干另一侧上方穿过圆环（如图①），拉紧绳子的另一端（如图②③）；接着，将刚刚拉紧的一端对折再次穿过圆环（如图④），同时握住绳子的另一端和圆环，向外拉紧完成水手结（如图⑤⑥）。

》称人结

称人结是一种十分经典的绳结。它可以将绳子固定成一个结实的圆环，但又十分容易解开。

在绳子中间打一个圆环，将绳子的下端穿过圆环中间（如图①），然后将绳头从下绕过主绳（如图②），再次穿过最开始的圆环（如图③），拉紧绳子即可（如图④）。

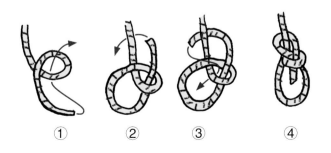

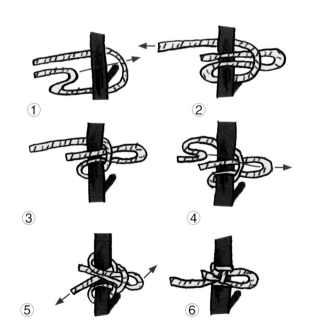

捕 鱼

如何制作陷阱和捕鱼虾

这是生存战中最难打的一仗！

一定要集中注意力，尝试多种方法。

你会发现，设下陷阱比拿着长矛追捕动物更省力，也更有效。

岛上更容易找到鱼类、昆虫、螃蟹和小贝壳，

这些都可以补充身体所需要的能量。

》捕捉软体动物及甲壳动物

·捡贝壳

贝壳是在沙滩上最容易找到的食物。当你在海边的礁石上行走时，一定要注意那些湿滑的藻类，以免摔倒。收集贝壳后，要用清水冲洗干净并煮熟，以免因为细菌感染而生病。

·用鱼叉捕鱼

制作鱼叉需要一根直直的、与人等高的木棍。将木棍一端从中间劈开，并在裂口处绑上绳子。接着，将一块小木头放在裂口中间，使裂口保持张开的状态，在劈开的两侧分别削一些倒立的小锯齿，避免叉到的鱼又溜走。最后，你只要在水边伺机而动即可，记住一定要眼疾手快。

·制作螃蟹篓

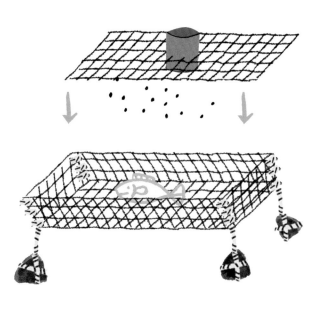

沙滩上找到的废弃物也可以"变废为宝"。制作螃蟹篓需要几片铁丝网、一根粗管子和一段细绳。首先，用绳子将铁丝网捆在一起制成一个篓子。再取一块铁丝网做篓子的盖子，在盖子中间穿洞，将管子从中穿过。最后，把做好的螃蟹篓放进水里，用几块石头固定，你可以将小鱼干放进篓子里作诱饵。

· 制作鱼虾瓶

切掉塑料瓶颈，将其倒放在塑料瓶里，你可以看到水里的小鱼小虾们都争先恐后地游进了你的瓶中。在瓶中放一些面包屑或者小鱼干作为诱饵，可以大大提高你捕鱼虾的成功率。

》捉螃蟹和昆虫

· 下套捉螃蟹

绝大多数螃蟹都生活在海里，但有一些螃蟹会被潮水冲上沙滩。这些螃蟹大多身形小巧，行动十分敏捷，很难被捉住。这里有一个小妙招能解决你的烦恼：首先，找一个空碗（半个椰子大小），几个小鱼干；接着，如图所示，用小树枝支起空碗，把鱼干放在碗下面。一旦螃蟹触碰系在树枝上的鱼干，碗就会立刻盖上将其困住。

· 抓昆虫

如果你刚好有一个纱网，可以试着捕捉蚂蚱，它们是可以食用的。

》自制捕鱼区

首先，在海边找一块由礁石围成的半圆形或者马蹄铁形区域，确保这片区域在涨潮时可以被完全覆盖。接着，你可以在潮落时用几块石头将其封闭围成一个圆，好比做了一个小游泳池。当下一次涨潮，水就会覆盖这个"游泳池"，幸运的话，退潮后就会有鱼被困在里面，你可以轻而易举地捉住它们。

历史小故事

大型的自制捕鱼区依然存在于奥莱龙岛上。每次退潮后，渔民就会收获大量的鱼。之后，还要检查一下这个用岩石堆起来的捕鱼区有没有被汹涌的海水破坏，因为有些不牢固的渔区会在几个小时之内被风暴和急流全部摧毁。有资料显示，最大的自制渔区周长可达1000米。

安全第一！

✗ 不要在光滑的岩石上奔跑，以免摔倒受伤。

✗ 高温具有杀菌消毒的作用，因而动物、贝类以及昆虫一定要煮熟食用。

✗ 不要吃颜色过于鲜艳的动物，它们华丽的外表下往往隐藏着致命的危险。

可食用蔬果

确保食用
蔬果的安全性

千万不要轻易品尝那些你不认识的蔬菜和水果，它们可能有剧毒！

注意，闻起来像杏仁味的蘑菇和水果是不可以食用的。

不要采摘那些生长在积水中的植物，因为过多的积水会促使细菌大量繁殖。

在识别出蔬果种类之前，不要随意采摘，否则会破坏生态环境和一些动物的栖息地。

最重要的规则：当你选择食物遇到困难时，记得向你的父母寻求帮助。

》迅速识别可食用的蔬果

◆ 椰子

你吃过椰子吗？椰子长在高高的椰子树上，有时大风会将它们吹落在沙滩上。它营养丰富，水分充足，深受人们的喜爱。但是不要只吃椰子，否则你的肠胃会受不了的。

历 史 小 故 事

感谢那些在旅途中不畏艰险，穿越海洋或是登陆荒岛的探险家们！他们不仅发现了新大陆，还大大丰富了我们的食品库。土豆、玉米、西红柿、猕猴桃、香蕉、菠萝……它们都是在航海探险中被发现的。

◆ 香蕉树

香蕉树浑身都是宝，不仅果实（野生香蕉的果实小而甜）可以食用，而且整棵植物都可以作为食材！香蕉既可以生吃，也可以煮熟或者油炸吃；它的枝干和花朵还可以切成小块，用水煮熟后食用。

延 伸 阅 读

常见的蔬菜、水果还会有一些野生品种，虽然野生品种通常外形娇小，颜色、味道也有所不同，但可以食用。

竹子和香蕉树的生长周期都是以年计算的，你可以定期去收集食物。

如果你长期只吃一种食物，身体会营养不均衡，可能会引发维生素缺乏症。

◆ 竹笋

竹笋味美多汁，是生长在竹子根部的嫩芽，它们就像一顶顶尖尖的帽子。你可以将它们从土壤中挖出，先去皮切成小薄片，再煮熟食用。

◆ 木薯

木薯作为"荒岛食物"被大家熟知，但在自然界，木薯是比较稀缺的种类。如果你在荒岛上找到了这种植物，可以切下木薯的块茎，像烹饪土豆一样，去皮煮熟后食用。注意千万不要生吃！

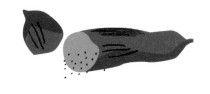

◆ 藻类

有一些藻类是可以食用的，这是一种非常容易寻找的食材，要优先选择生长在海边礁石上的藻类。在食用之前，为避免弄错藻类品种，先咨询一下你的父母。你可以选择将其做成沙拉，晒干磨成粉末，或者直接煮熟食用。

◆ 木瓜

圆滚滚的木瓜悬在它的茎叶上显得十分滑稽。木瓜有两种颜色：青木瓜是未成熟的木瓜，可以当作蔬菜吃；黄木瓜是已经成熟的木瓜，肉质香甜，一般作为水果食用。

安全第一！

✗ 虽然在不吃任何东西的情况下，人的身体也可以坚持一段时间（一般为一到两周，主要取决于人的身高和体重），但会变得非常虚弱！即使这样，也不要轻易尝试不确定的食物。记住我们的黄金法则：只吃我们认识的食物。

✗ 学会储存多余的食物，严格遵守每日食物与水源的配比量，不要浪费任何东西。

确定方位

如何确定你的位置

即使荒岛上物资充足，拥有充沛的食物与饮用水，有地方可以住，
你也会非常想念你的家人和朋友。一个人孤独地生活在荒岛上，
难免会感到伤心，总是想着要和家人团聚。

因此，在有飞机和行船经过的时候，千万不要错过求救的机会。

但是该如何发出求救信号，引起营救人员的注意呢？

历 史 小 故 事

过去，船员们通过灯塔发出的光识别危险地带以及可以停泊的港口。在一支船队中，有专员负责爬上桅杆（瞭望台）向船长指示行船方向。如今，灯塔渐渐淡出了这个领域，取而代之的是一些先进的地理定位工具。

第1步

》向飞机发出求救信号

飞机一般在高空飞行，我们需要在沙滩上挑选一块空地，同时借助一些现有材料（粗木棍、小石子、藻类）来制作简洁而巨大的求救信号。

· Y形

这是国际通用的求救信号，几乎被所有救生员熟知。制作材料也十分简单，只需要三根长木棍即可。

· 著名的SOS信号

几乎所有人都认识这三个字母，这是英文短语"Save Our Ship"的首字母，我们可以将其译成"救救我们的小船"。虽然制作过程更加复杂，但是效果十分显著。

· 三堆火焰

这种求救方式关键在于如何制造一个能从空中看见的三角形。如果你将三堆火摆成了一个完美的三角形，那必定会更加吸引路过的飞行员的视线（详情见50页）。

有了这些求救信号，一定能让路过的人尽快发现被困住的你，甚至连海鸥的注意力都会被你吸引。

历史小故事

为了传递被困者的位置信息，有的人会制作漂流瓶，在瓶中放置求救的信息，然后将瓶子扔进海里，希望能被其他人发现。但是由于漂流瓶通常很长时间才能被人发现，因而很少有人能通过这种方式获救。我们曾在海中找到了大量的漂流瓶，其中有些瓶子已经在海上漂了一百多年，所以这并不是一种有效的求救方式。

第2步

》向来往船只发出求救信号

现在，你已经学会了向天空发送信号。如果想要有更快获救的可能性，你还可以登上荒岛的最高点，向来往船只发出求救信号，因为站在高处发信号比站在沙滩上更容易被发现。

· 火焰

在一块岩石上生火能够让远方的船只发现你。

· 镜面反射

这种求救信号可以通过一面镜子、一张旧CD、一个易拉罐或者一片金属来实现。你可以先学习发出SOS信号的方法：三短、三长、三短；然后，拿着镜子指向船只所在的方向，通过镜面反射发出光芒。这种信号在阳光强烈时可以传播上千米远。

· 鱼线轮

夜晚，你可以取一个小灯固定在鱼线轮上，快速转动，形成一个圆形的光圈，吸引远方船员的注意。

小贴士

通常来说，每艘船上都有一个救生包，里面包括一支号角或者一支汽笛，必要的时候可以吹响它们求救。

延伸阅读

许多求救信号都是通过收音机发出的。当你被困荒岛时，如果恰巧有一个收音机，而你遇到了非常危急的情况，可以将频率调至海事甚高频（VHF）16频道，并大声呼喊"Mayday, Mayday"。所有收听者都会知道你在某处遇到了危险，如果得到回应，一定要保持冷静回答对方的问题。

安全第一！

✗ 一定要在家长陪同下生火。

✗ 如果你并没有遇到紧急情况，那么在学会这些求救信号后，一定记得把它们归为原样，以免救生员误解，白忙一场。

✗ 使用大石块摆出SOS信号时，注意别砸到自己的脚。

观察天空

53

星云

夜幕降临，躺在沙滩上看星星是一件很惬意的事情。

除了欣赏闪烁的星辰或者陷入美妙的梦境，
我们还能学会"观星"这项重要的生存技能。

过去，探险家们正是靠观察星星，让自己在穿越海洋、
探索新大陆的过程中不会迷失方向。

白天，你可以利用太阳来判断方向，通过云朵来预测天气。

》利用太阳判断方向

这是一个简单好用的辨别方向的办法。清晨，太阳从东方升起照亮整片天空。午时，太阳向南方移动，升至最高处。傍晚，太阳又从西边落下。

由此，你可以找到四个基本方位。

夏天，仔细观察晴朗的夜空时，你会发现天空中成千上万的星星组成了一条亮带，这就是我们常说的"银河"。

55

东

南

北

西

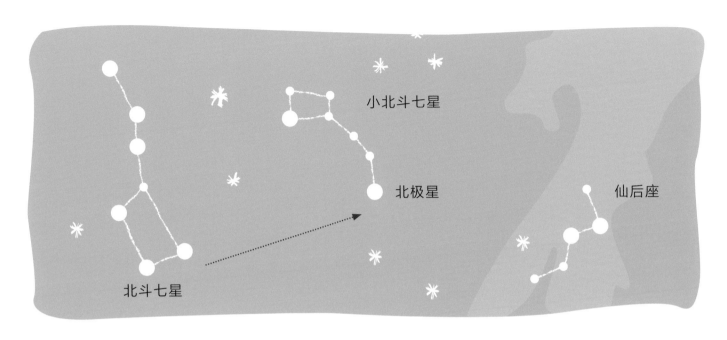

图中标注：小北斗七星　北极星　仙后座　北斗七星

》利用北极星辨别方向

当夜幕降临的时候，天空中会出现许多闪闪发光的星星。其中，北极星能够在黑夜为你指引方向，这是一颗有些孤独的星星，它的星光比其他星星要明亮一些。北极星的独特之处在于它的位置几乎不会改变，而其他星星则环绕着它旋转，人们可以通过它的星光找到北方。

·北斗七星

当我们仰望星空时，最先映入眼帘的一定是北斗七星。它非常容易辨认，是大熊星座的一部分，始终朝向北极星转动，所以我们顺着北斗七星可以直接找到北极星。

·小北斗七星

在孩子们之间流传着一个游戏：只要找到北极星，就一定可以找到小北斗七星，也就是"小熊星座"。

·仙后座

仙后座的形状是一个向左倾斜的"W"，也可以看成是歪着的数字"3"，在夜空中特别闪耀。它与大熊星座遥遥相对，同样绕着北极星转动，像一位永远都望着北方的少女。

》其他星座

• 猎户星座

大家一定都在夜空中看到过这个耀眼的"大家伙"——猎户星座。它由7颗星星组成，外形既像蝴蝶结又像沙漏。如果你找到了这位传说中的猎人的身体，就可以让家长为你指出猎人的大腿、手臂以及他手中的匕首和弓箭。

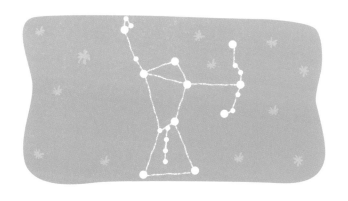

• 天鹅座

许多颗闪耀的小星星组成了天鹅座。想象一下，一只高贵的天鹅在夜空中展开它美丽的翅膀，露出优雅的脖颈，在银河中翱翔。

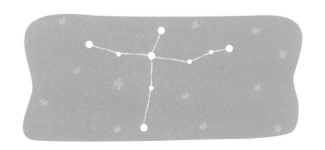

》看云识天气

• 大片乌云汇集：雨层云、积雨云或积云

通常来说这都不是好天气的预兆哦！如果还有风朝你所在的方向吹，那说明倾盆大雨马上就要来临了。

• 大片白云汇集：卷云

很少有人知道这种云是由无数小冰晶组成的。它们身处天空高处，并不会引起降雨。然而卷云有时却能够遮住太阳，使阳光不那么强烈。

延伸阅读

实际上，流星是一颗颗像小弹珠一样的小碎石。它高速进入地球大气层，与空气剧烈摩擦产生热量和火焰，直至化为灰烬。这也就形成了我们看到的稍纵即逝的光。夜晚，平均每小时有7颗流星飞入地球大气层，但只有极少数燃烧未尽的流星体能降落到地面。

疗 伤 自 救

学会自我保护

》避免晒伤

　　太阳可能会成为你在荒岛上最大的敌人，但找一块阴凉的地方并不是难事。一定要避免长时间暴晒。帽子、防晒霜和及时饮水能够让你避免由日晒导致的幻视、热痉挛、发热以及晒伤。如果被晒伤了，你应该及时在伤患处涂抹芦荟汁，这种植物在沙滩边缘地带十分常见。

》皮肤擦伤

　　皮肤擦伤的疼痛一般十分明显，水、盐以及沙子都会延缓伤口结痂的速度。如果没有找到相应药品，你最好及时用淡水清洗伤口以免感染，随后等结痂愈合后自然脱落。如果想要加快伤口愈合速度，你可以找一小块渔网覆盖在伤口处。

延伸阅读

　　为避免被蛇类咬伤，一定要遵守一些安全规则：首先，不要光脚行走，最好穿不会露出皮肤的鞋，尤其是在杂草丛生的地方；其次，行走时最好不停地拍手或者踩脚，以赶走藏在暗处的蛇类；最后，不要将手直接探进木头堆中或者石块下方，可能会有爬行动物藏在里面睡觉。

小贴士

在没有其他疗伤工具的情况下，唾液会成为你的不二之选，你可以像小动物一样轻轻舔舐自己的伤口。美国发表的最新研究表明，唾液能够有效帮助伤口愈合。

流鼻血的时候，你可以在舌头底下放一张纸用于止血。我们还不太了解其中的原因，但这的确有效，很让人惊讶！

》脚底起泡

每晚检查双脚是非常必要的，尤其是在白天穿着不透气的鞋长时间行走的情况下。如果脚底有水泡，注意一定不要将它直接戳破。你要用水清洗、擦干，注意通风透气，也可以在鞋子里放一片车前草或者香蕉树的叶子，以免伤口恶化。

》昆虫蜇伤

为缓解胡蜂、牛虻、海蜇蜇出的伤口疼痛，你可以将晒热的沙子直接涂抹在伤患处。

安全第一！

✗ 不要长时间把皮肤暴露在阳光下。除非在沙滩上，其余时间不要光脚走路。

✗ 在石头上、杂草和森林中行走时一定要穿鞋。

✗ 一定要在家长的陪同下使用危险利器。

图书在版编目（CIP）数据

鲁滨孙行动/(法)德尼·特里波多著;(法)卡丽娜·曼桑
绘;刘心怡译. — 沈阳:辽宁少年儿童出版社，2018.10
ISBN 978-7-5315-7656-3

Ⅰ．①鲁… Ⅱ．①德… ②卡… ③刘… Ⅲ．①自然科
学—儿童读物 Ⅳ．①N49

中国版本图书馆CIP数据核字(2018)第096843号

著作权合同登记号：06-2018-60号

鲁滨孙行动
LUBINSUN XINGDONG

[法]德尼·特里波多 著

[法]卡丽娜·曼桑 绘　　刘心怡 译

出版发行：北方联合出版传媒（集团）股份有限公司
辽宁少年儿童出版社
出版人：张国际
地址：沈阳市和平区十一纬路25号　邮编：110003
发行部电话：024-23284265　23284261　总编室电话：024-23284269
E-mail:lnsecbs@163.com
http://www.lnse.com
承印厂：北京启航东方印刷有限公司

选题策划：梦溪今典	责任编辑：薄文才
特约编辑：丁静静	美术编辑：曹亚敏
责任校对：贺婷莉	责任印制：吕国刚

幅面尺寸：255mm×255mm
印　张：6　　　字数：75千字
出版时间：2018年10月第1版
印刷时间：2018年10月第1次印刷
标准书号：ISBN 978-7-5315-7656-3
定　价：60.00元

版权所有　侵权必究